ROBERT CAZE

Les Parfums

De par la volonté formelle de l'Auteur
Ce livre ne se vend chez aucun éditeur

PARIS

1885

A l'ami Gustave Toudouze
L'exemplaire numéro douze
De ces vers
Fleurant l'ambre & les vétyvers.

Robert Caze

LES PARFUMS

ROBERT CAZE

Les Parfums

De par la volonté formelle de l'Auteur
Ce livre ne se vend chez aucun éditeur

PARIS

1885

SONNET-PRÉFACE

Dans un ancien meuble laqué,
Noir rehaussé de filets d'or
Je conservais plus d'un trésor
Subtilement alambiqué.

L'eau des roses de la Mosquée
Près du nard et du myrte odore,
Cèdre et styrax : toute une flore
Artificielle et fabriquée.

Ce sont mes rubis, mes saphirs
Plus reluisants que des soleils
Et plus légers que des zéphyrs.

Prodigue entre les richissimes
Je donne aujourd'hui ces merveilles
A mes amis les plus intimes.

L'OPOPANAX

A Mademoiselle de Maupin

Du flacon de cristal de roche
Ciselé
La senteur s'exhale et s'accroche
Aux sens comme une fleur pourpre en un champ de blé.

Or, pour celui qu'aucun reproche
N'a troublé,
Ce parfum est un son de cloche
Chantant des *Angelus* sous un ciel étoilé.

Et je cherche à pouvoir l'entendre
Dans ma nuit
La cloche, la cloche au doux bruit,

Moi qui navigue sur le Tendre
Avec l'enfant dont le thorax
Et les seins grêles sont tout frais d'opopanax.

LA VERVEINE

A Manette Salomon

Un paysage avec de la littérature
Dedans,
Du vert, beaucoup de vert, de la riche nature
Et des coups de soleil ardents.

Des cieux comme les yeux de quelques femmes rousses
En ont,
Des cieux d'un bleu très dur. En bas des fraîches mousses,
De la fougère et de l'ajonc.

Il pleut cette chaleur propice aux névralgies.
Je suis
De l'œil des moucherons qui font quelques orgies,
En l'air, près d'un bouquet de buis.

Et naturellement nul être humain, personne
N'est peint
Sur cette toile. Au loin une église où l'on sonne
Peut être la fête d'un saint.

Enfin, luisant comme un couteau de guillotine,
La mer
Au fond. Et le relent de la térébenthine
Tenaille et pénètre ma chair.

CIVETTE ET BENJOIN

Au chevalier Destouches

Les reclus et les paresseux
Et ceux
Qui n'ont pas d'argent pour acheter des images
Peintes par des peintres chanceux
Préfèrent à l'encens qui fut si cher aux Mages
Les baumes anciens mêlés avec soin :
Civette et benjoin

Ils retrouvent dans ces parfums
Défunts

Le pâle souvenir des époques passées.
Les Lamballes et les Lauzuns
Défilent sous leurs yeux — non plus formes cassées —
Mais très élégants, beaux comme le jour,
En habits de cour.

Ariettes et menuet
Muet ;
Beaucoup d'impertinence et de la politesse.
Tour à tour chacun saluait
La marquise poudrée ou bien la vicomtesse
Qui savait encor rougir sous son fard
Et bissait Mozart.

Chevaliers de la fleur de lys
Jadis,
Ces très nobles gens ont poussé leur dernier râle
Au temps où mourut Charles dix.
Un brouillard très fin de poudre à la maréchale
Couvre maintenant, dans les vieux hôtels,
Leurs pauvres pastels.

LE CORYLOPSIS

A Madame Charles Bovary

La bonne dame que j'aimai
D'Avril à Mai
Avait l'odeur de poivre et d'ambre
Dans ses cheveux trop parfumés.
Mon cœur est froid comme un Décembre.

Cheveux vieil or de jeune miss,
Et teint de lys,
Et chairs de rose épanouie

Mais l'odeur du corylopsis
A la longue est évanouie.

Et pourtant la forte senteur
Avec lenteur
Se répercutait dans la chambre,
Comme un chœur des *Maîtres Chanteurs* —
Mon cœur est froid comme un Décembre.

Dans la chambre et dans le grand lit,
Elle pâlit
Au moment où nous nous aimâmes.
Des larmes même. Elle faillit
M'entretenir de nos deux âmes;

Mais brutal caprice du sort,
Sans nul effort,
Le parfum surgit comme un rêve
Et donna la mort aux remords.
Mon cœur est nu comme une grève.

Comme un rêve, ces choses sont
    Là, sous mon front.
Elle est rentrée en sa province;
Elle enflamme des gens qui font
Des phrases de volet qui grince.

Seul, tout seul je reçherche encor
    Les cheveux d'or,
La taille souple qui se cambre
Et l'odeur hostile aux remords.
Mon cœur est froid comme un Décembre.

LA TUBÉREUSE

A Sapho

Oh! fuyons, voulez-vous? loin, bien loin
A Siam, au pays du benjoin.
Voulez-vous demeurer en Europe,
Vivre à Nice, au milieu des champs d'héliotrope?

Voulez-vous écouter de beaux vers?
Quel ennui pleurent donc vos yeux clairs?
Comme un sphynx, ma très sombre épousée,
Vous gardez le secret de la femme blasée.

Laisse-moi le chercher, ce secret,
Dans ton cœur comme dans un coffret.
Laisse-moi sur tes chairs amoureuses
Boire en de longs baisers l'odeur des tubéreuses.

BOUQUET CHINOIS

A Mesdames de Vandenesse
et de Portenduère.

I

Chez la marquise douairière,
Dans le salon, près d'une chaise,
Est un écran à la manière
Des peintres chinois Louis Seize.

C'est un morceau de soie ancienne
Entre des baguettes dorées —
Sur un fond terre de Sienne,
Des verdures décolorées.

Au premier plan, tenant des roses,
Des jasmins et des tubéreuses
La Chinoise pense à des choses
Excessivement amoureuses.

Elle a des yeux couleur de jade
Qui se perdent à fleur de tête.
Elle rêve au madrigal fade
De Fo-Hi, le très cher poète.

Elle a de fines élégances
En sa robe de brocart neuve,
Elle rêve à ces confidences
Faites le soir, au bord du Fleuve.

Elle a d'invisibles babouches ;
Elle est toute joie et promesses,
Elle rêve à l'hymen des bouches,
Puis aux plus intimes caresses.

II

Devant cette simple œuvre exquise,
Une vieille boude et marmotte.
Or, c'est Madame la Marquise
Couvrant sa face jaune et grise
D'un mouchoir en toile de Frise
Qui fleure encor la bergamotte.

L'ORCHESTRE

A Floressas des Esseintes

A ceux qui n'ont jamais bien compris la musique,
A ceux dont *tous* les sens ne se sont pas ouverts
Aux caprices subtils de la métaphysique,
Les parfums ont donné de merveilleux concerts
A ceux qui n'ont jamais bien compris la musique.

Chaque senteur à part évoque un fait nouveau,
Chacune garde en elle un étonnant mystère.

Si l'une a la fraîcheur humide d'un caveau,
D'autres ont des chaleurs subites de cratère.
Chaque senteur à part évoque un fait nouveau.

Mais, groupés, les parfums font une symphonie;
Leur orchestre a son chant glorieux ou sacré,
Il sanglote de joie ou râle d'agonie,
Il chante *Lohengrin* ou le *Miserere*
Et, groupés, les parfums font une symphonie.

De même qu'on entend de loin le son du cor,
Et de même le musc s'épand hors des fioles.
Perceptibles, malgré leur invisible essor,
Le lys et le muguet sont frères des violes.
De loin l'odeur du musc est comme un son de cor.

La verveine parfois donne un coup de cymbale;
Le jasmin est la flûte et le fin tilia
Conserve les accords d'une harpe royale
Sur laquelle un beau bras de femme se plia.
La verveine parfois donne un coup de cymbale.

Les premiers violons, lilas et new mon-hay
Laissent gronder l'opopanax qui fait la basse ;
L'aigre bouquet chinois, fifre moqueur et gai,
Siffle la tubéreuse, épinette un peu lasse,
Les premiers violons, lilas et new mon-hay.

Au milieu du concert de ces senteurs unies,
Le Sarcanthus exhale un cantique à la Chair,
Un hymne à la Beauté des Amours infinies.
C'est la prima donna déclamant son grand air
Au milieu du concert de ces senteurs unies.

LE NÉROLI

A Oblomoff, gentilhomme russe

Le lit et le sommeil sont les meilleurs calmants
Pour tous ceux sur lesquels pèse l'ennui de vivre.
Dormir, rêver, mourir ! Et que l'on nous délivre
Des faux amis, des faux bonheurs, des faux serments.

Dans l'éclat mensonger de tes yeux si charmants,
Femme, je vois la glace et la froideur du givre.
Poètes, taisez vous ; il faut fermer le livre
Et penser à voguer vers d'autres firmaments.

Tout étant inutile et vain et sans mystère
Couchons-nous doucement sur cette pauvre terre
Où chacun d'entre nous doit être enseveli.

Frères, endormons-nous au bruit du vent qui passe
Emportant avec lui, au lointain, dans l'espace,
Le jeune et virginal parfum du néroli.

BALLADE

Selon le rhythme de Villon et pour offrir de l'encens *à*

MADAME LA VIERGE

Très pur esprit, âme sereine,
Très sainte Mère du Sauveur,
Eloignez de nous toute haine
Et tout chagrin empoisonneur.
Vierge donnez à notre cœur
L'humilité des violettes.

Nous brûlerons en votre honneur
De l'encens dans des cassolettes.

Madame notre souveraine,
Vous qui versâtes plus d'un pleur
Sur votre Fils, après la Cène,
Changez en rose la pâleur,
Changez le vil fumier en fleur,
Changez les lâches en athlètes.
Gloire à vos Grâces. Offrons leur
De l'encens dans des cassolettes.

Mère des fileuses de laine,
Protectrice du laboureur,
Secours constant de Magdeleine,
Inspirez nous la sainte horreur
Du serpent fourbe et tentateur.
Jetez les yeux sur les Poètes
Qui célèbreront la senteur
De l'encens dans les cassolettes.

ENVOI

Princes, monarques, empereur,
Portez, avec des pâquerettes,
Devant l'Épouse du Seigneur
De l'encens dans les cassolettes.

TABLE

AVIS AU RELIEUR

Cette plaquette doit logiquement être recouverte de cuir de Russie ou mieux encore de belle, bonne et odorante Peau d'Espagne.

Achevé d'imprimer

SUR LES PRESSES DE « LUTÈCE »

Le trente novembre mil huit cent quatre-vingt-cinq

POUR

ROBERT CAZE

PAR

LÉON ÉPINETTE, IMPRIMEUR

16, boulevard St-Germain

PARIS

Paraîtront peut-être dans le même format

les plaquettes suivantes du même auteur :

LES MOTS

LES COULEURS

LES CONTACTS

www.ingramcontent.com/pod-product-compliance
Lightning Source LLC
LaVergne TN
LVHW021643170726
843501LV00007B/2384

* 9 7 8 2 3 2 9 6 5 4 3 6 2 *